¿Panda gigante o panda rojo?

Un libro de comparaciones y contrastes

por Chris Schmitz

Los pandas gigantes y los pandas rojos son mamíferos. Al igual que todos los mamíferos, estos comparten algunas características.

Los mamíferos tienen una columna vertebral (espinazo). Los mamíferos tienen pelaje o pelo.

Los mamíferos bebés toman leche de sus madres.

Los mamíferos producen su propio calor corporal (sangre caliente).

esqueleto de un panda gigante

cachorro de panda gigante tomando leche

Los pandas gigantes algunas veces son llamados osos panda. Y sí que pertenecen a la familia de los úrsidos.

Al igual que la mayoría de los osos, los pandas gigantes tienen cuerpos grandes con patas cortas, orejas redondeadas, pelaje grueso y colas pequeñas. Caminan sobre las plantas de todas sus patas.

A pesar de compartir el nombre de "panda", los pandas rojos no son osos. Los pandas rojos conforman su propia familia animal.

Las mofetas y los mapaches son "primos" lejanos de los pandas rojos.

mofeta

mapache

Los pandas rojos son más o menos del tamaño de un gato domesticado o mapache.

Tienen pelaje rojo-naranjado con un estómago de color marrón oscuro.

Sus rostros tienen "pistas de lágrimas" de color rojo-anaranjado que bajan en ambas mejillas. Usan sus colas para equilibrarse, y estas son largas, peludas y curtidas con rayas rojas.

Ambos pandas se alimentan de bambú como dieta principal. Deben comer mucho bambú, ya que solo digieren el 20-30% de lo que comen.

Un panda gigante hambriento puede pasar 16 horas al día comiendo hasta 80 libras de bambú.

¡Un panda rojo puede pasar 13 horas al día buscando y comiendo hasta 20.000 hojas de bambú!

Ambos pandas necesitan comer durante todo el invierno. Estos dependen de su pelaje grueso para mantenerse calientes.

Los pandas rojos se acurrucan con sus colas y cubren sus narices para mantener el calor.

Ambos pandas tienen cinco dedos como nosotros.

También tienen un hueso de muñeca especial que funciona como un pulgar.

Enroscan sus dedos hacia la muñeca para sostener bambú y otras cosas.

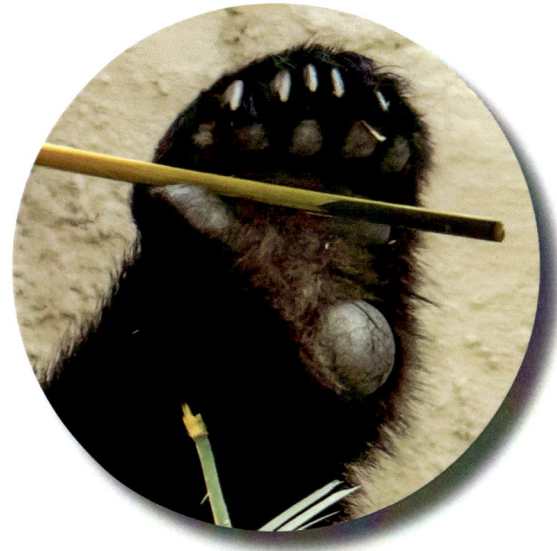

Ambos pandas tienen garras largas que les ayudan a escalar árboles y protegerse.

Mientras que los gatos pueden retraer sus garras por completo, los pandas rojos solo pueden hacerlo a medias (semi-retractables). ¡Incluso pueden girar completamente sus tobillos para bajar árboles de cabeza!

el tobillo girado de un panda rojo

las garras retraídas de un panda rojo

Aunque los pandas gigantes pasan la mayor parte del tiempo en el suelo, estos también son unos excelentes escaladores y nadadores.

Los pandas rojos pasan mucho tiempo en árboles, incluso cuando están durmiendo.

Los pandas gigantes pueden caminar con sus extremidades posteriores, pero no por mucho tiempo. Caminan principalmente sobre cuatro patas.

Los pandas rojos pueden caminar sobre sus extremidades posteriores. Generalmente se paran de esta forma, arrastrando sus garras frontales como si fueran depredadores.

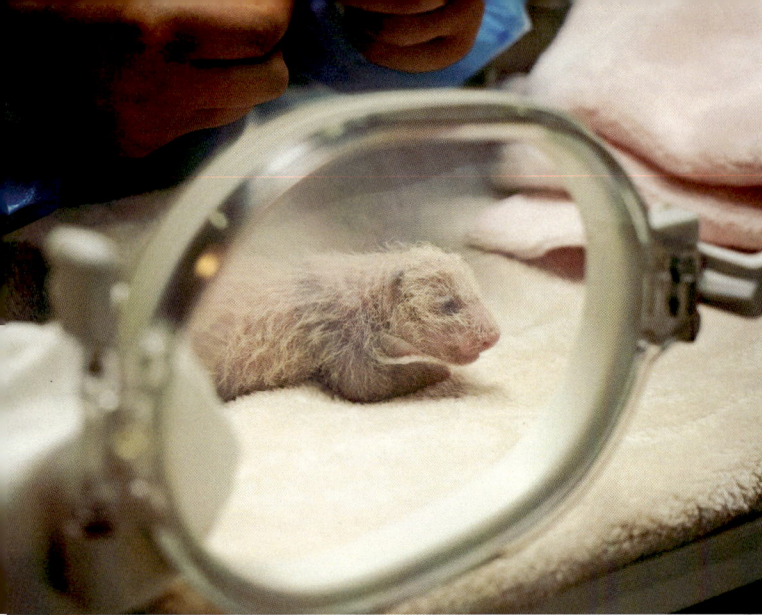

Los pandas gigantes comúnmente dan a luz uno o dos cachorros cada dos años.

Los recién nacidos de pandas gigantes son de color rosa y no tienen pelaje. Este les empieza a crecer luego de que

nacen, y los cachorros ya están cubiertos de pelaje cuando han pasado 3 meses desde su nacimiento.

Los cachorros pueden escuchar a las seis semanas, ver a las diez semanas, gatear a los tres meses y caminar a los cuatro meses.

Los cachorros se amamantan durante el tiempo que les permite su madre. Los cachorros comienzan a comer bambú cuando tienen alrededor de un año, pero se alternarán entre el bambú y la leche materna hasta que la madre se niegue a amamantarlos.

Estos se quedan con su madre hasta que tienen casi dos años.

Los pandas rojos dan a luz de uno a cuatro cachorros al año.

Los pandas rojos recién nacidos tienen pelaje beige y gris. Su pelaje cambia de color conforme envejecen.

Comienzan a ver cuándo tienen de dos a cuatro semanas de nacidos.

Los cachorros beben leche materna durante unos cinco meses.

Luego de ello comienzan a comer bambú y otros alimentos.

Salen por su cuenta cuando tienen alrededor de un año.

Ambos pandas están en peligro de extinción. Se considera que los pandas gigantes son vulnerables y que los pandas rojos están amenazados.

Los pandas gigantes son nativos de las áreas montañosas y altas de China. Los pandas rojos son nativos del este de la cordillera del Himalaya.

Al igual que muchos animales, el principal problema que enfrentan ambos es la pérdida de un hábitat seguro para criar a sus pequeños.

Mientras sus hábitats se separan (fragmentación) se les dificulta encontrar parejas o seguir su fuente de alimentación de bambú.

Ambos pandas dependen del bambú como su principal alimento. Si un bambú es cortado en zonas en las que viven pandas, entonces estos ya no tendrán alimentos para comer.

Las organizaciones conservacionistas y los zoológicos trabajan muchísimo para garantizar que ambos pandas siempre tengan un hábitat que puedan considerar su hogar.

Los grupos conservacionistas han creado 67 reservas en China para pandas gigantes. El hábitat dentro de estas reservas está protegido y es ilegal contar bambú.

Entre programas de crianza en estas reservas y zoológicos, el número de pandas gigantes ha aumentado lo suficiente para mover su estatus de conservación desde en peligro a vulnerables.

Los zoológicos estudian el comportamiento de los animales, además de financiar la conservación e investigar sobre cómo mantener a salvo a una amplia variedad de animales. Los zoológicos participan en programas de crianza para ayudar a aumentar el número de animales amenazados o en peligro de extinción. En algunos casos los jóvenes pueden ser reintroducidos de vuelta en la naturaleza.

La educación también es una meta importante para los zoológicos. Mientras más personas entiendan sobre animales, podremos ayudar y apoyar mucho más a las especies necesitadas. Cuando visitas un zoológico estás apoyando la educación, investigación y conservación del trabajo que hacen para los animales.

Para las mentes creativas

Reflexionando

Ambos tipos de panda pueden sostener cosas con huesos especiales de su muñeca que actúan como nuestros pulgares.

¿Puedes pensar en cualquier otro animal que pueda sostener cosas con sus patas (manos)

Todos los seres vivos están clasificados para ver cómo se relacionan entre sí. Al igual que los humanos, ambos tipos de panda son mamíferos. ¿Puedes describir cómo se clasifican estos animales en similitudes y diferencias en el cuadro de abajo?

- ¿En qué se diferencian los pandas gigantes y los pandas rojos?
- ¿En qué se diferencian los humanos de estos pandas?
- De todos los animales mostrados en el cuadro, ¿cuál es el que está más relacionado con el panda gigante?
- De todos los animales mostrados en el cuadro, ¿el panda rojo está más relacionado con el oso negro o el mapache?

		Oso negro	Panda gigante	Panda rojo	Mapache
Reino		Animal			
Phylum		Chordata (columna/espinazo)			
Clase		Mamífero			
Orden		Primate	Carnivoro		
Superfamilia				Musteloid	
Familia		Hominidae	Ûrsido	Ailuridae	Procyonidae
Género		*Homo*	*Ursus*	*Ailuropoda*	*Ailurus*	*Procyon*
Especies		*sapiens*	*americanus*	*melanoleuca*	*fulgens*	*lotor*

¿Gigante o rojo? Identificación de adaptaciones

¿Puedes identificar si es un panda gigante, panda rojo o ambos pandas con la información que has aprendido en el libro?

Uso mi "pulgar muñeca" para sostener bambú.

No puedo ponerme de pie sobre mis patas traseras, pero soy bueno escalando árboles.

Puedo sacar y guardar mis garras parcialmente.

1

2

3

4

5

6

Uso mi larga cola para mantenerme en balance.

Puedo ponerme de pie sobre mis patas traseras. Puedo usar mis patas frontales para protegerme en caso de necesitarlo.

Tengo una cola pequeña al igual que otros osos.

Respuestas: 1: ambos; 2: panda gigante; 3: panda rojo; 4: panda rojo; 5: ambos; 6: panda gigante

Datos divertidos acerca de los pandas

Los pandas gigantes tienen de cuatro a seis pies de largo y pesan entre 200 y 300 libras (un poco más pequeño que un oso negro americano). Los machos son más grandes que las hembras.

Los machos y hembras de panda rojo adulto pesan hasta 17 libras y miden 43 pulgadas desde la nariz hasta el final de su cola.

¿Qué tan alto eres tú? ¿Cómo se compara ese dato con relación a la altura de un panda?
¿Estás más cerca del tamaño de un panda gigante o un panda rojo?
¿Qué mide más o menos lo mismo que un panda rojo?

Los colores únicos de ambos pandas les ayudan a esconderse de los depredadores (camuflaje).

Los patrones blanco y negro de un panda gigante les ayudan a mezclarse con la nieve y los bosques de bambú.

El color anaranjado de los pandas rojos se mezcla con el musgo rojo y los líquenes blancos en los que viven. El pelaje negro de su estómago es complicado de ver desde abajo, ya que duermen en árboles durante el día.

Puedes pensar en cualquier otro animal que utilice el camuflaje para ocultarse?

Mientras que ambos pandas comen principalmente bambú, los pandas gigantes también pueden comer otras plantas, e incluso cazar y comer roedores pequeños.

Los pandas rojos también comen frutas, insectos, huevos de aves y reptiles pequeños. Algunas veces comen delicias de fruta en zoológicos.

¿Cuál es tu comida favorita? ¿Qué comes tú que también coman los pandas?

¿Ayudar o perjudicar?

¿Cuáles de las siguientes cosas crees que ayuda a los pandas y cuáles piensas que les podría perjudicar o herir? ¿Puedes describir por qué?

talar el hábitat de los pandas

1

programas de crianza

2

carreteras que separen a los pandas, evitando así que se reproduzcan

3

4

programas educativos y conservacionistas de pandas

5

la caca de los pandas ayuda a esparcir las semillas de bambú

6

talar árboles de bambú

Proyecto STEM: Diseña una forma para que los pandas crucen carreteras con el objetivo de moverse de un hábitat aislado hacia otro. ¿Esta idea puede utilizarse para ayudar a otros animales en peligro de extinción?

Respuestas: 1: perjudicar; 2: ayudar; 3: perjudicar; 4: ayudar; 5: ayudar; 6: perjudicar

Gracias a Equipo de Cuidado de Pandas del Zoo Atlanta por verificar la información en este libro.

Todas las fotografías son licenciadas mediante Adobe Stock Photos o Shutterstock.

Library of Congress Cataloging-in-Publication Data

Names: Schmitz, Chris, 1963- author. | De la Torre, Alejandra, translator.
Title: ¿Panda gigante o panda rojo? : un libro de comparaciones y
    contrastes / por Chris Schmitz ; traducido por Alejandra de la Torre con
    Javier Camacho Miranda.
Other titles: Giant panda or red panda? Spanish
Description: Mt. Pleasant, SC : Arbordale Publishing, [2024] | Series:
    Comparaciones y contrastes | Includes bibliographical references.
Identifiers: LCCN 2023056594 (print) | LCCN 2023056595 (ebook) | ISBN
    9781638172925 (trade paperback) | ISBN 9781638170129 (ebook) | ISBN
    9781638173007 (adobe pdf) | ISBN 9781638173045 (epub)
Subjects: LCSH: Giant panda--Juvenile literature. | Red panda--Juvenile
    literature.
Classification: LCC QL737.C27 S27618 2024 (print) | LCC QL737.C27 (ebook)
    | DDC 599.789--dc23/eng/20240105

Este libro también está disponible en inglés
Giant Panda or Red Panda? A Compare and Contrast Book
English Paperback   9781643519937
Una lectura bilingüe ISBN 9781638170129 está disponible en línea en www.fathomreads.com
PDF   9781638170310
ePub3· 9781638170501

Bibliografía:

IUCN. "The IUCN Red List of Threatened Species." IUCN Red List of Threatened Species, IUCN, 2022, www.
    iucnredlist.org.
Staff, Aza. "How Zoos and Aquariums Protect Endangered Species." Www.aza.org, 15 Mar. 2019, www.aza.org/
    connect-stories/stories/how-do-zoos-help-animals.
What Is Bamboo? – American Bamboo Society. www.bamboo.org/what-is-bamboo/.
WWF. "WWF - Endangered Species Conservation | World Wildlife Fund." World Wildlife Fund, 2018, www.
    worldwildlife.org.

Impreso en EE. UU.
Este producto se ajusta al CPSIA 2008
Arbordale Publishing
Mt. Pleasant, SC 29464
www.ArbordalePublishing.com